Samuel Awadhifo Ayibho

Reciprocidade e contrapositiva no teorema de Pitágoras

Samuel Awadhifo Ayibho

Reciprocidade e contrapositiva no teorema de Pitágoras

ScienciaScripts

Imprint
Any brand names and product names mentioned in this book are subject to trademark, brand or patent protection and are trademarks or registered trademarks of their respective holders. The use of brand names, product names, common names, trade names, product descriptions etc. even without a particular marking in this work is in no way to be construed to mean that such names may be regarded as unrestricted in respect of trademark and brand protection legislation and could thus be used by anyone.

Cover image: www.ingimage.com

This book is a translation from the original published under ISBN 978-620-6-69780-0.

Publisher:
Sciencia Scripts
is a trademark of
Dodo Books Indian Ocean Ltd. and OmniScriptum S.R.L publishing group

120 High Road, East Finchley, London, N2 9ED, United Kingdom
Str. Armeneasca 28/1, office 1, Chisinau MD-2012, Republic of Moldova, Europe
Printed at: see last page
ISBN: 978-620-7-89837-4

Conteúdo

INTRODUÇÃO

[1]Neste trabalho, tentamos explicar a reciprocidade e a contraposição no teorema de Pitágoras.

[2]Tradicionalmente, um teorema era explicado como uma estrutura composta

---

[1] Pitágoras foi um reformador religioso e filósofo pré-socrático que terá nascido por volta de 580 a.C. em Samos, uma ilha no sudeste do Mar Egeu, e que terá morrido por volta de 495 a.C. , com 85 anos de idade. Terá sido também matemático e cientista, segundo uma tradição tardia. O nome Pitágoras (etimologicamente, *Pyth-agoras:* "aquele que foi anunciado pela Pítia"), deriva do anúncio do seu nascimento feito ao seu pai durante uma viagem a Delfos. A vida enigmática de Pitágoras torna difícil esclarecer a história deste reformador religioso, matemático, filósofo e milagreiro. Sabe-se que nunca escreveu nada e que as setenta e uma linhas dos *Versos Áureos* que lhe são atribuídas são apócrifas e constituem um sinal do imenso desenvolvimento da lenda formada em torno do seu nome. O neopitagorismo está, no entanto, imbuído de uma mística dos números, já presente no pensamento de Pitágoras. Heródoto refere-se a ele como "uma das maiores mentes da Grécia, o sábio Pitágoras". Conservou um grande prestígio; Hegel disse que ele era "o primeiro mestre universal". Segundo um eco notável de Heraclides de Pontus, citado por Cícero, Pitágoras foi o primeiro pensador grego a intitular-se *philosophos*, ou seja, "amigo do conhecimento ou da sabedoria". Em *Tusculanes*, Cícero explica: "Pela mesma razão, sem dúvida, todos aqueles que desde então se dedicaram às ciências contemplativas foram considerados Sábios, e foram chamados assim, até ao tempo de Pitágoras, que foi o primeiro a pôr em voga o nome de filósofo. Heraclides de Pontus, discípulo de Platão e homem muito inteligente, conta a história. Um dia", diz ele, "Leão, rei dos Flávios, ouviu Pitágoras falar sobre certos pontos com tal conhecimento e eloquência que o príncipe, tomado de admiração, perguntou-lhe que arte estava a praticar. Pitágoras respondeu que não sabia nenhuma, mas que era um filósofo. O rei, surpreendido com a novidade deste nome, pediu-lhe que lhe dissesse quem eram os filósofos e em que se diferenciavam dos outros homens". Diógenes explica o seguinte sobre a transmigração da alma: "Ele (Pitágoras) contou o seguinte sobre si próprio: tinha sido outrora Aithalides e dizia-se que era filho de Hermes; Hermes tinha-lhe dito para escolher o que quisesse, exceto a imortalidade. Hermes tinha-lhe dito para escolher o que quisesse, exceto a imortalidade. Por isso, tinha pedido para guardar a memória do que lhe tinha acontecido, tanto em vida como na morte. Assim, em vida, lembrava-se de tudo e, na morte, manteve intactas as suas memórias. Mais tarde, entrou no corpo de Eufórbio e foi ferido por Menelau. E Eufórbio disse que tinha sido Aithalides [filho de Hermes], e que tinha herdado de Hermes este dom e a forma como a alma passava de um lugar para outro, e contou como tinha feito as suas viagens, em que plantas e animais se tinha encontrado presente, e tudo o que a sua alma tinha experimentado no Hades, e o que os outros suportavam lá. Quando Eufórbio morreu, a sua alma passou para Hermotime que, querendo ele próprio dar provas, regressou à Branchidae e, entrando no santuário de Apolo, mostrou o escudo que Menelau aí tinha consagrado (disse, de facto, que Menelau, quando partiu de Troia, tinha consagrado esse escudo a Apolo), escudo esse que já se tinha decomposto, restando apenas a face de marfim. Quando Hermotime morreu, transformou-se em Pirro, o pecador delirante; mais uma vez, lembrou-se de tudo, de como tinha sido primeiro Aithalides, depois Euforbia, depois Hermotime, depois Pirro. Quando Pyrrhos morreu, tornou-se Pitágoras e lembrou-se de tudo o que acabou de ser dito. (Fonte: Wikipedia. Biografia de Pitágoras, disponível em Pitágoras - Wikipédia (wikipedia.org) Acedido Quinta-feira, 2 de novembro de 2023 às 10:37.

[2] Wikipédia. Theorem, disponível em Theorem - Wikipedia (wikipedia.org) Acedido Quinta-

pelos seguintes elementos :

- Pressupostos: ou seja, condições básicas que são enumeradas no teorema, para além dos elementos já apresentados na teoria;

- uma tese, também designada por conclusão: ou seja, uma afirmação matemática ou lógica que prova que o teorema é verdadeiro com base nos pressupostos básicos;

- a demonstração: como um teorema pode, por vezes, ser demonstrado de várias formas muito diferentes (ver o exemplo das múltiplas demonstrações do teorema de Pitágoras), apenas o facto de a demonstração existir é um constituinte do teorema, mas não os pormenores da demonstração. Uma demonstração é uma sequência de inferências lógicas que envolvem os axiomas da teoria subjacente, as hipóteses do teorema e os resultados previamente estabelecidos no âmbito dessa teoria.

Isto levanta a questão:

- O que é que podemos aprender com o teorema de Pitágoras?

- O que é a reciprocidade?

- E a contrapositiva?

Dar resposta a estas questões será a nossa tarefa neste trabalho.

Neste trabalho, formulamos as hipóteses segundo as quais :

- A generalidade do teorema de Pitágoras seria uma verdadeira chave para compreender a reciprocidade e a contraposição.

- A reciprocidade seria um ponto essencial do teorema de Pitágoras

- Seria incorreto falar do teorema de Pitágoras sem explicar o princípio da contrapositiva.

O objetivo geral deste trabalho é compreender o teorema de Pitágoras, explicando a sua reciprocidade e contrapositiva. Na mesma perspetiva temos três objectivos específicos, exatamente para apresentar:

- a generalidade do teorema,

- reciprocidade

- a contrapositiva.

Utilizámos um método analítico, estudando e documentando o teorema de Pitágoras na perspetiva da reciprocidade e da contraposição. A técnica utilizada é a documental. Utilizámos documentos e dados sobre as páginas consultadas. Este tema foi escolhido a partir de várias perspectivas: filosófica, geométrica, matemática, etc.

Temos três eixos: o primeiro trata da generalidade do teorema de Pitágoras, o segundo explica a reciprocidade e o último explica a contrapositiva.

1 TEORIA

1.1 Teoremas em geral

Os teoremas são utilizados em muitos domínios, incluindo a matemática, a física e a filosofia. A palavra teorema deriva da palavra grega *theorein*, que se traduz por "olhar para" ou "contemplar". [3]Na mesma perspetiva, podemos observar :

- Em matemática, um teorema é uma afirmação que pode ser demonstrada com base em determinadas hipóteses. A demonstração de um teorema matemático é uma cadeia de argumentos lógicos que conduzem inexoravelmente à conclusão do teorema.

- Em física, um teorema é uma lei que descreve com precisão um fenómeno físico. Os teoremas em física são geralmente enunciados sob a forma de leis matemáticas. A lei da gravitação universal, por exemplo, é um teorema da física.

- Em filosofia, um teorema é uma proposição que pode ser explicada com base em determinadas hipóteses. A demonstração de um teorema filosófico é uma cadeia de argumentos lógicos que conduzem inexoravelmente à conclusão do teorema. É por isso que temos o teorema de Pitágoras, que toda a gente faz na escola.

[4]Por exemplo, temos o teorema de Tales . [5]O teorema de Tales, meus caros geómetras, é uma pequena pepita de conhecimento que fará brilhar os vossos olhos e as vossas mentes curiosas! Sabem, aquele teorema mágico que estabelece uma ligação encantadora entre os lados de triângulos semelhantes,

---

[3] Wikipédia. Definição de um teorema, disponível em Teorema: definição, aplicações e exemplos - Progresser-en-maths Acedido Quinta-feira, 2 de novembro de 2023 às 11:00.

[4] Tales, filho de Examyes e Cleobulin, nasceu por volta de 625 a.C. na cidade-estado grega de Mileto, na Jónia, atual Turquia. Morreu em 547 a.C. A sua família era de origem fenícia. De acordo com o relato do historiador Heródoto, Tales de Mileto participou ativamente na política da sua cidade, dando conselhos aos jónios. É descrito não só como um político, mas também como um grande engenheiro, tendo conseguido escavar um canal profundo no rio Halys, permitindo que as águas mudassem de direção, o que possibilitou a passagem do exército de Creso para a outra margem.(Wikipedia. Biografia de Tales, disponível em Tales de Mileto: biografia e filosofia (filosofiadoinicio.com) Acedido Quinta-feira 2 novembro 2023 às 11 :29).

[5] Wikipédia. 18 fichas de trabalho sobre o teorema de Tales de Mileto, disponíveis em 18 fichas de trabalho sobre o teorema de Tales - Prof Innovant Acedido Quinta-feira 2 novembro 2023 às 11 :26.

permitindo-vos resolver enigmas de proporção como verdadeiros feiticeiros dos números. Bem, os exercícios do Teorema de Tales são um pouco como uma poção de aprendizagem que o transporta para o mundo encantado da geometria. Por isso, vista as suas vestes de matemático e prepare-se para mergulhar nesta fascinante aventura geométrica.

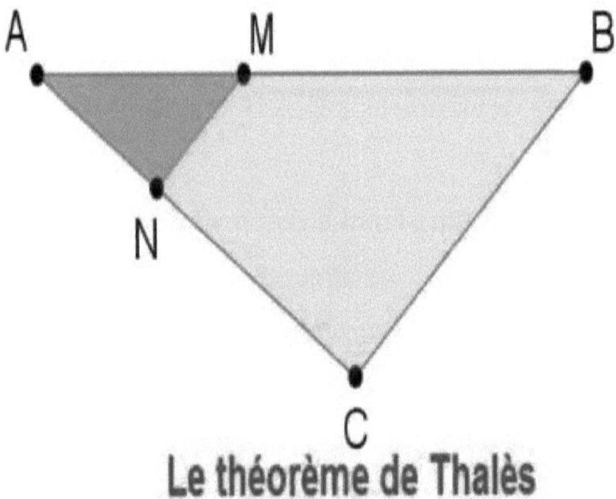

[6]Ligações lógicas entre o teorema, a recíproca e a contrapositiva .

se o teorema for verdadeiro	O inverso não é necessariamente verdadeiro	O inverso é verdadeiro
Se o inverso for verdadeiro	O teorema não é necessariamente verdadeiro	O contrário não é necessariamente verdadeiro
Se o inverso for verdadeiro	O teorema é verdadeiro	O teorema não é necessariamente verdadeiro

Exemplos:

	Um teorema com uma recíproca verdadeira.	Um teorema com um falso recíproco.
Teorema	Os múltiplos de dois são números pares.	Os múltiplos de quatro são números pares.
Recíproco	Os números pares são	Os números pares são múltiplos de

	múltiplos de dois.	quatro. **Falso**, porque 6 não é um múltiplo de 4!
Contraposto	Se o número não for par, então não é um múltiplo de dois.	Se o número não for par, então não é um múltiplo de quatro.

1.2 O teorema de Pitágoras

[6] [7]O teorema de Pitágoras é um teorema da geometria euclidiana que estabelece a relação entre os comprimentos dos lados de um triângulo retângulo. É frequentemente enunciado da seguinte forma:

Se um triângulo tem um ângulo reto, o quadrado do comprimento da hipotenusa (ou lado oposto ao ângulo reto) é igual à soma dos quadrados dos comprimentos dos outros dois lados.

Este teorema também permite calcular um dos comprimentos a partir dos outros dois. [e]Deve o seu nome a Pitágoras de Samos, um antigo filósofo grego do século VI a.C., mas o resultado era conhecido há mais de mil anos na Mesopotâmia e foi provavelmente descoberto de forma independente em várias outras culturas.

A explicação mais antiga conhecida vem de Euclides, cerca de 300 a.C., e embora os matemáticos gregos também a conhecessem antes disso, não há forma de a atribuir com certeza a Pitágoras.

As primeiras demonstrações históricas baseavam-se geralmente em métodos de cálculo de áreas através do recorte e da deslocação de figuras geométricas. Inversamente, a conceção moderna da geometria euclidiana baseia-se numa noção de distância que é definida para respeitar este teorema.

Várias outras afirmações generalizam o teorema a quaisquer triângulos, a figuras de dimensão superior, como os tetraedros, ou, em geometria não-euclidiana, à

---

[6] Wikipedia; ligação lógica entre teorema , disponível em <u>Qual é a diferença entre teorema, recíproca e contrapositiva</u> - Objetivo: ter sucesso em matemática (objectif-reussir-en-maths.com) Acedido em Quinta-feira, 2 de novembro de 2023 às 15:48.

[7] Wikipédia. Teorema, disponível em Teorema de Pitágoras - Wikipédia (wikipedia.org) Acedido terça-feira, 31 de outubro de 2023, às 9 :7.

superfície de uma esfera.

De uma forma mais geral, este teorema tem muitas aplicações em domínios muito diferentes (arquitetura, engenharia, etc.), ainda hoje, e conduziu a muitos avanços tecnológicos ao longo da história.

Exercícios sobre o teorema de Pitágoras[8]

Exercício 1

O triângulo XYZ é tal que XY = 29,8 cm, YZ = 28,1 cm e XZ = 10,2 cm. Explique porque é que não é um triângulo retângulo.

---

[8] Wikipédia. Exercícios sobre o teorema de Pitágoras, disponíveis em Teorema de Pitágoras, curso + exercícios corrigidos. (paramaths.fr) Acedido quinta-feira, 2 de novembro de 2023, às 11:15.

Exercício 2

Calcular o valor, arredondado ao milímetro mais próximo, de :

a. o comprimento da diagonal de um quadrado com lados de 5 cm

b. o comprimento da diagonal de um retângulo cujas dimensões são 8,6 cm e 5,3 cm

c. o comprimento do lado de um quadrado com uma diagonal de 100 m.

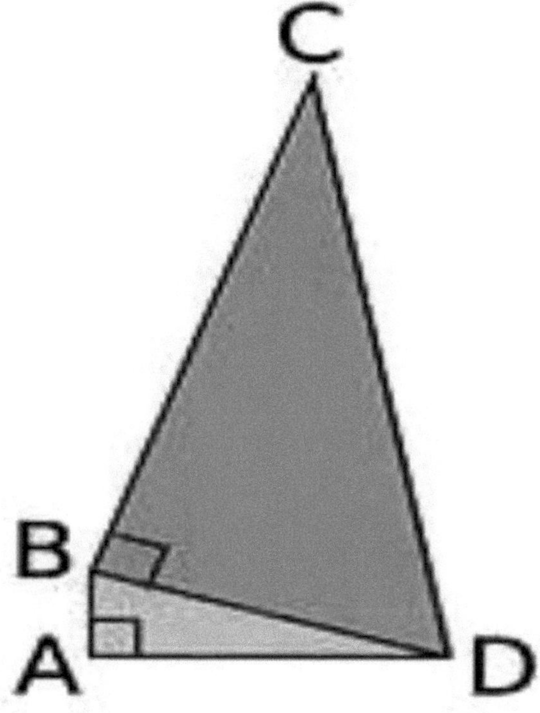

Na figura acima: AB = 1,5 cm; AD = 6 cm e BC = 12 cm

1. Calcular o valor, arredondado ao mm mais próximo, de BD

2. Calcular e justificar o valor exato de DC

Exercício 4

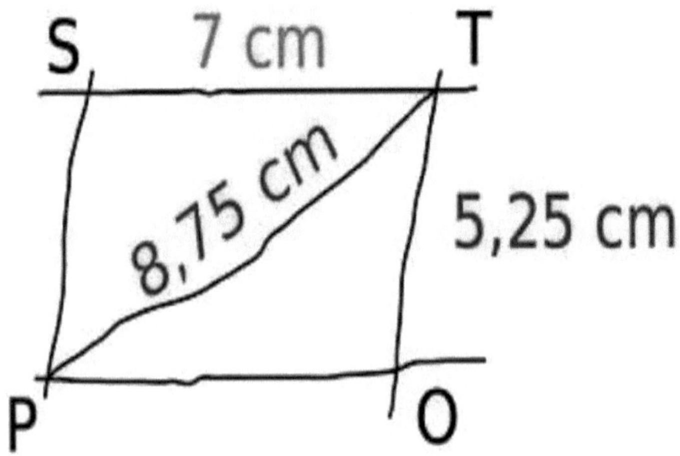

S
7 cm
T
8,75 cm
5,25 cm
P
O

2.1 Reciprocidade em geral

Matematicamente, no cálculo proposicional, uma implicação recíproca é uma proposição que troca a premissa e a conclusão de uma implicação. O recíproco do recíproco reverte então para a implicação inicial. [9]Quando a implicação tem várias premissas, a troca da conclusão com apenas algumas das premissas é por vezes também chamada de recíproca, como no caso do teorema de Tales, em que as condições de alinhamento permanecem na premissa para a recíproca. Ao contrário da contrapositiva de uma implicação, a recíproca não pode ser deduzida da implicação. [10]Fazê-lo sem cautela leva à falácia de afirmar o consequente, por isso vejamos este exemplo :

A implicação "se A então B" tem como recíproca "se B então A".

ou .

Esta noção de implicação recíproca é por vezes alargada ao cálculo de predicados, dizendo que "todo o A é B" ou "todo o B é A" são implicações recíprocas um do outro.

No entanto, uma frase com a forma "nenhum A é B" é equivalente a "nenhum B é A". A sua recíproca comum pode ser afirmada como "tudo o que não é A é B".

Tabela verdade de uma implicação e da

sua recíproca

P	Q	$P \rightarrow Q$	$Q \rightarrow P$ (recíproco)
V	V	V	V
V	F	F	V
F	V	V	F
F	F	V	V

---

[9] Wikipédia. Reciprocidade, disponível em Envolvimento recíproco - Wikipédia (wikipedia.org) Acedido Quinta-feira, 2 de novembro de 2023 às 13:59.
[10] *Ibid.*

2.2 Reciprocidade pitagórica

[11]Podemos ver que, para além do teorema de Pitágoras, existe o seu recíproco, o que significa que vamos entrar no outro significado: vamos mostrar que um triângulo é retângulo a partir das medidas dos lados de um triângulo :

- a recíproca do teorema de Pitágoras é a seguinte :

> Num triângulo, se o quadrado de um lado é igual à soma dos quadrados dos outros dois
>
> lados, então o triângulo tem um ângulo reto.

- Vamos explicar esta recíproca com um exemplo: tomemos o triângulo EFG

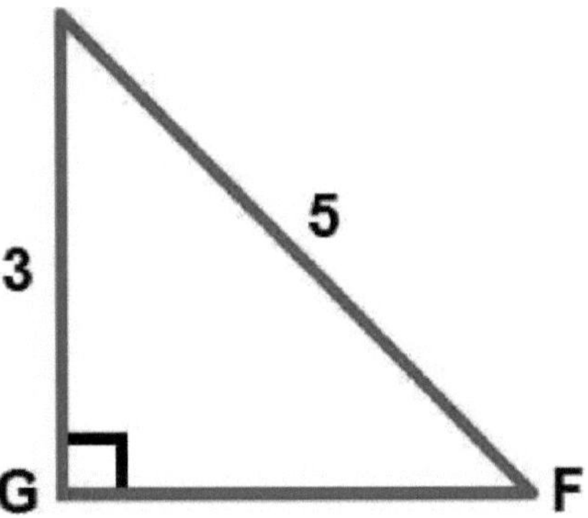

seguinte :

[222]Vamos calcular EF separadamente e EG + GF separadamente. [22222222]EF = 5 = 25 e EG + GF = 3 + 4 = 9+16 = 25 Portanto EF = EG + GF^2

[222]Aqui EF representa "o quadrado de um lado", e EG + GF representa "a soma dos quadrados dos outros 2 lados". E deste ponto de vista, acabámos de explicar que era "igual".

Assim, de acordo com a recíproca do teorema de Pitágoras, o triângulo EFG é um triângulo retângulo. Como pode ver, não é nada de muito grave, mas vamos voltar a alguns pontos importantes.

[222]Em primeiro lugar, a escolha dos lados: porque é que se calculou EF e não EG ou FG?

---

[11] Wikipédia. Teorema dePitágoras, disponível em Le théorème de Pythagore | Méthode Maths (methodemaths.fr) Acedido segunda-feira, 30 de outubro de 2023, às 16 : 13

Simplesmente porque é o maior dos 3 lados, pois vimos no teorema de Pitágoras que o "único" lado era a hipotenusa e, portanto, o maior.

O lado ao quadrado que é calculado "por si só" é, portanto, o lado maior.

Em seguida, é muito importante efetuar ambos os cálculos SEPARADAMENTE!

[12] [13][222]No exemplo, queremos mostrar que $EF = EG + GF$, esta é a conclusão, por isso não partimos desta igualdade porque não sabemos se é verdadeira, queremos mostrá-la.

[222]Assim, calculamos primeiro EF e depois $EG + GF$.

Não há nada que o impeça de efetuar os cálculos ao mesmo nível, que é o que vamos fazer no próximo exemplo.

Nota: a conclusão é que o triângulo é retângulo. Sim, mas em que ponto?

Bem, no exemplo, EF é o lado mais comprido, ou seja, a hipotenusa, pelo que o ângulo reto é oposto, em G.

Portanto, não há nada que o impeça de dizer na conclusão "então o triângulo EFG tem ângulo reto em G", de facto é muito melhor dizê-lo!

Vejamos um exemplo utilizando o enunciado: vamos mostrar que o seguinte triângulo PQR é retângulo:

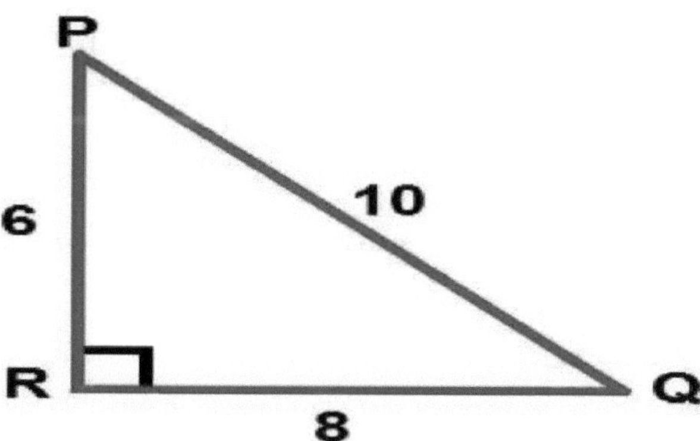

[22222]$PQ = 10$ e $PR + RQ = 6 + 8^2$

---

[12]

[13] Wikipédia. Teorema de Pitágoras, disponível em Le théorème de Pythagore | Méthode Maths (methodemaths.fr) Acedido segunda-feira, 30 de outubro de 2023, às 16 : 13.

[13]

[222]PQ = 100 e PR + RQ = 36 + 64

[222]PQ = 100 e PR + RQ = 100

[22]Portanto, PQ = PR + RQ^2

Assim, de acordo com a recíproca do teorema de Pitágoras, o triângulo PQR tem ângulo reto em R.

Como pode ver, afinal é bastante rápido!

[14222]Nota: neste caso, os dois cálculos foram efectuados lado a lado (PQ e PR + RQ).

separados por ""e"". E só quando se termina o cálculo e se chega ao mesmo resultado é que se diz que é igual.

No entanto, por vezes, no final do cálculo, não encontramos a mesma coisa, pelo que não é igual e não podemos aplicar o teorema, e o triângulo não tem ângulo reto!

É por isso que temos a contrapositiva, que vamos analisar mais de perto.

A recíproca do teorema de Pitágoras é utilizada para explicar que um triângulo tem um ângulo reto.

Considera um triângulo cujos comprimentos são 3, 4 e 5. [15]Consegues concluir que se trata de um triângulo retângulo?

Para explicar que este triângulo é um triângulo retângulo, precisamos de utilizar a recíproca do teorema de Pitágoras.

Por um lado, temos 32+42=9+16=25.

Por outro lado, é verdade que 52=25.

Então 32+42=52, e pelo recíproco do teorema de Pitágoras, este é um triângulo retângulo.

Saber que a hipotenusa é o lado mais comprido de um triângulo retângulo.

[16]Assim, se precisarmos de explicar que um triângulo é um triângulo retângulo, precisamos de somar os quadrados dos dois comprimentos mais curtos e

---

[14] Wikipédia. Teorema dePitágoras, disponível em Le théorème de Pythagore | Méthode Maths (methodemaths.fr) Acedido segunda-feira, 30 de outubro de 2023, às 16 : 13

[15] Wikipédia. Fórmula do teorema de Pitágoras, disponível em Teorema de Pitágoras : lições e exercícios | StudySmarter Acedido Quinta-feira 2 novembro 2023 às 9 :45.

[16] *Ibid.*

verificar que essa soma é igual ao quadrado do lado mais comprido.

[17]Para uma melhor compreensão do teorema, vejamos :

Teorema de Pitágoras - Pontos-chave

- O teorema de Pitágoras é utilizado para resolver problemas que envolvem um ângulo reto ou um triângulo retângulo.
- [222]O teorema de Pitágoras afirma que o quadrado da hipotenusa de um triângulo retângulo é igual à soma dos quadrados dos outros dois lados: a +b =c .
- Podemos utilizar a recíproca do teorema de Pitágoras para mostrar que um triângulo tem um ângulo reto.
- Do mesmo modo, podemos utilizar a sua contrapositiva para verificar que um triângulo não tem ângulo reto.

Para calcular a altura de uma montanha ou de um edifício a construir, podemos utilizar o teorema de Pitágoras. [18] [19]Este teorema tem muitas aplicações e é frequentemente considerado como um dos teoremas mais importantes da matemática.

O teorema de Pitágoras é utilizado principalmente para resolver problemas que envolvem triângulos rectos. Entre outros, podemos utilizar o teorema de Pitágoras para [18]:

- determinar comprimentos desconhecidos ;
- calcular as distâncias mínimas entre dois objectos ;
- calcular as forças que actuam sobre uma estrutura ;
- deduzir outros teoremas.

O teorema de Pitágoras tem aplicações em muitos domínios, como a engenharia e a informática. Não esquecer que, nas aplicações da vida real, o teorema de Pitágoras é frequentemente utilizado em conjunto com outros teoremas mais avançados.

---

[17] *Ibid.*

[18] Wikipédia. Fórmula do teorema de Pitágoras, disponível em Teorema de Pitágoras : lições e exercícios | StudySmarter Acedido Quinta-feira 2 novembro 2023 às 9 :45.

[19] *Ibid.*

3 TEOREMA CONTRAPOSTO

3.1 Informações gerais sobre a contrapositiva

[20]Em lógica, a contraposição é um tipo de raciocínio utilizado para afirmar a implicação "se não B então não A" a partir da implicação "se A então B   ". A implicação ""se não B então não A"   " é

chamada a contrapositiva de "se A então B".

Por exemplo, a contrapositiva da proposição ""*se chove, então o chão está molhado*"" é ""*se o chão não está molhado, então não chove*"".

Por exemplo, a contrapositiva da proposição *"se n é múltiplo de 9, então n não é primo"* é *"se n é primo, então n não é múltiplo de 9"*.

[21]É por isso que Aristóteles diz: "Para reconduzir as coisas aos princípios desta teoria, inventamos os comprimentos do longo e do curto, isto é, de uma certa espécie de grande e de pequeno, a superfície do largo e do estreito, o corpo do profundo e o seu oposto" .

3.2 A contrapositiva pitagórica

[22]Como sabemos, a contrapositiva do teorema de Pitágoras é utilizada para explicar que um triângulo não tem ângulo reto se conhecermos os comprimentos dos três lados de um triângulo .

Num triângulo, se o quadrado do lado mais comprido for igual à soma dos quadrados dos outros dois lados, então o triângulo tem um ângulo reto.

---

[20] Wikipédia. La contraposée, disponível em contraposée | Lexique de mathématique (netmath.ca) Acedido Quinta-feira, 2 de novembro de 2023 às 12:8.

[21] ARISTOTE, La métaphysique, Paris: Ladrange, (1838), (1840), 2008, p.35-36.

[22] Wikipédia. Contrapositiva do teorema de Pitágoras, disponível em Révision quatrième du théorème de Pythagore (free.fr) Acedido terça-feira, 31 de outubro de 2023, às 8:43.

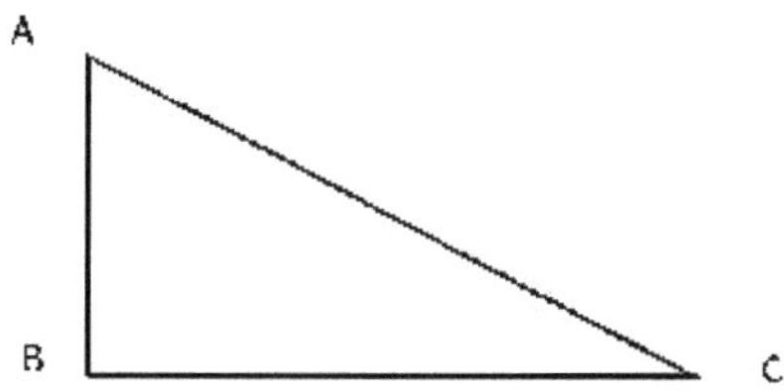

[222]Se AC = AB +BC ,

Então ABC é um triângulo retângulo.

[22]Exercício .

Exercício 1: Em cada caso, calcular o comprimento BC:

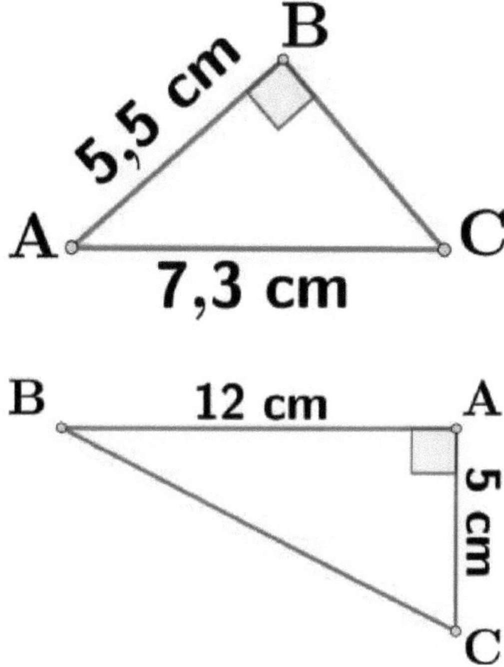

Descobrir se um triângulo é retângulo usando d

Especifique se os triângulos BOA e NEZ são rectângulos. Justifica a tua resposta.

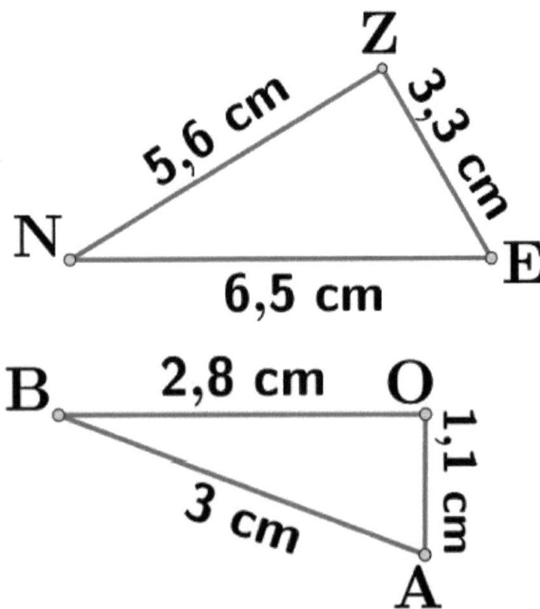

Calcular o comprimento AN até ao décimo de centímetro mais próximo:

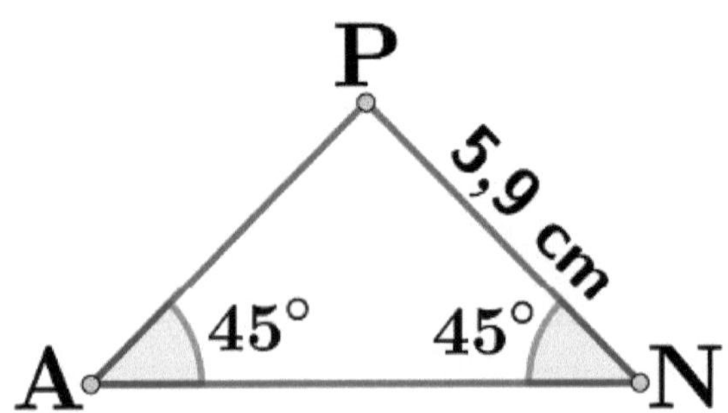

Um triângulo ABC foi desenhado numa grelha quadrada. Este triângulo tem um ângulo reto?

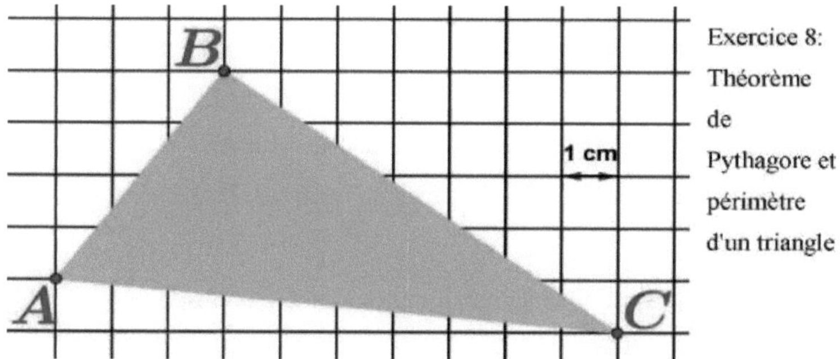

Seja x *um* número positivo. Considere um triângulo cujos lados medem $3x+1$, $4x+3$ e $5x+3$. Este triângulo tem um ângulo reto?

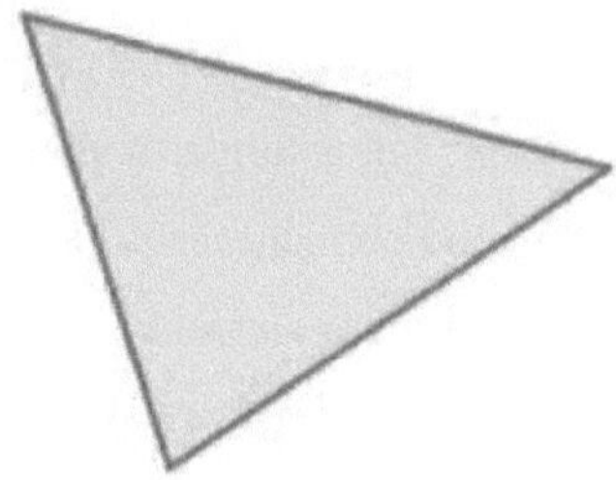

CONCLUSÃO

Completámos, mas não terminámos, a explicação da reciprocidade e da contrapositiva do teorema de Pitágoras. O nosso trabalho teve três vertentes principais.

Em primeiro lugar, apresentámos o teorema. Em primeiro lugar, preocupámo-nos com a generalidade da noção de teorema, e depois explicámos a abordagem pitagórica.

Em segundo lugar, a compreensão da reciprocidade. Depois de tentar determinar o significado geral, explicámos esta reciprocidade no teorema de Pitágoras.

Em terceiro lugar, a contrapositiva. Explicámos a noção de reciprocidade no sentido geral, e depois na teoria pitagórica.

Um ideal é criado sobre um triângulo se este for um triângulo retângulo. É nesta perspetiva que surge a ideia de reciprocidade e de contraposição no teorema de Pitágoras. É a possibilidade de dar várias formas a uma arte.

Como sabemos: "O ideal não pode permanecer um mero conceito abstrato. Em virtude da sua própria ideia, contém um elemento específico e particular. Deve, portanto, manifestar-se numa forma específica. [23]Coloca-se então a questão de saber como é que o ideal, ao passar para o mundo exterior e finito, conserva a sua própria natureza, e como é que este último, por seu lado, se torna capaz de receber no seu seio o princípio ideal que constitui a arte".

---

[23] G.W.F. Hegel, Esthétique, Quebec, 1835, p.70.

Lista de teoremas por ordem alfabética, de A a Z [24]:

<u>A</u>

- <u>Teoremas de Abel</u>
- <u>Teorema AF+BG</u>
- <u>Teorema do arco</u>
- <u>Teoremas Abelianos e Tauberianos</u>
- <u>O teorema dos incrementos finitos</u>
- <u>Teorema de   atuação</u>
- <u>A teoria de Ado</u>
- <u>Teorema de Alasia</u>
- <u>Teorema fundamental da álgebra ou teorema de d'Alembert-Gauss</u>
- <u>Teorema   Alexandrov</u>
- <u>Teorema de Al-Kashi</u>
- <u>Teoremas alternativos</u>
- <u>Teorema de Ampère</u>
- <u>Teorema fundamental da análise</u>
- <u>Teorema do ângulo inscrito e do ângulo central</u>
- <u>Teorema do cancelamento</u>
- <u>Teorema de Apéry</u>
- <u>Teorema da aplicação aberta</u>
- <u>Teorema da aprendizagem</u>
- <u>Teorema universal de aproximação</u>
- <u>O teorema do arco capaz</u>
- <u>Teorema de Arquimedes</u>
- <u>Teorema de Argand</u>

[24] Wikipédia. Lista de teoremas, disponível em <u>Lista de teoremas - Wikipédia (wikipedia.org)</u> Acedido Quinta-feira, 2 de novembro de 2023 às 16:15.

- <u>O teorema do argumento</u>
- <u>Teorema fundamental da aritmética</u>
- <u>Teorema da impossibilidade de Arrow</u>

- Teorema de Bézout
- A conjetura de Bieberbach, demonstrada por de Branges
- Teorema Bieberbach
- Teoria do bem-estar
- Teorema da bijeção
- Teorema Bing-Nagata-Smirnov
- Teorema Birch
- Teoremas de Birkhoff
- Teoria da bissetriz
- Teorema deBloch
- Teorema Blumberg
- Teorema Bochner
- Teorema Bochner-Weil
- Teorema Bohr-Mollerup
- Teorema Bolillier
- Teorema Bolzano-Weierstrass
- Teorema Bombieri-Vinogradov
- Teoremas de Bonnet
- Teorema de Bonnet-Schoenberg-Myers
- Lei de Borel do zero um
- Teorema de Borel
- Teorema de Borel-Cantelli
- Teorema de Borel-Lebesgue
- Teorema do limite
- Teorema do limite superior
- Teorema de Borsuk-Ulam
- Teorema de Bose-Parker-Shrikhande
- Teorema de Boucherot
- Teorema da bola peluda
- Teorema de Brahmagupta

- Teoremas de Brauer
- Teorema de Brauer-Siegel
- Teorema de Breusch
- Teorema de Brianchon
- Teorema de Brianchon-Poncelet
- Teorema de Brooks
- Teorema de invariância do domínio de Brouwer
- Teorema do ponto fixo de Brouwer
- Teorema do ponto fixo de Browder
- Teorema de seleção de Browder
- Teorema de Brun
- Teorema de Budan
- Teorema de Burke **(O Teorema de Burke)**
- Teoremas de Burnside

C

- Teorema de Calderón
- Teorema de Cameron-Martin **(Teorema)**
- Teorema de Cantor
- Teorema de Cantor-Schroder-Bemstem
- Teorema de Carathéodory (geometria)
- Teorema da extensão de Carathéodory
- Teorema do ponto fixo de Caristi
- Teoremas de   Carnot
- Teorema   do quadrado
- Teorema   dos quatro quadrados
- Teorema de Chetaev
- Teoremas de   Teoremas de Cartan
-   Teorema de Cartan-Dieudonné
-   Teorema   Cartan-Hadamard
- Teorema de   Cartan-von Neumann

- Teorema de Cohen
- Critério de irredutibilidade de Cohn
- Teoria da colagem
- Teorema da compatibilidade
- Teorema do compacto aninhado
- Teoremas de comparação
- Teorema de completude para o cálculo de proposições
- Teorema da fungruência linear
- Teorema Connelly
- Teorema da convergência dominante
- Teorema da convergência monotónica, ou teorema de Beppo Levi
- Conjetura de Conway-Norton, demonstrada por Borcherds
- Teorema de Cook-Levin
- Teorema da correspondência
- Teorema das probabilidades
- Teoria das quatro cores
- Teoria do golpe de tesoura
- Teorema de Cox
- Teorema de Cox-Jaynes
- Teorema CPT
- Teorema de interpolação de Craig D
- Teorema de Dandelin-Quételet
- Teoremas de Darboux
- Teorema de Davenport-Cassels
- Teoremas de De Bruijn-Erdos
- Teoremas de decomposição
- Teorema Dedekind
- Teorema da redução
- Théorème de Dejean
- Théorème de Delsarte-McEliece

- <u>As leis de De Morgan</u>
- <u>Teorema   Denjoy-Young-Saks</u>
- <u>ThéorèmedeDesargues</u>
- <u>Teorema de   Descartes   (álgebra)</u>
- <u>Teorema de   Descartes (geometria)</u>
- <u>Teorema   Descartes-Euler</u>
- <u>Teorema   Diaconescu</u>
- <u>Teorema   Dilworth</u>
- <u>Teoremas de Dini</u>
- <u>Teorema de Dini-Lipschitz</u> **(Teorema)**
- <u>Teoremas de Dirichlet (progressão aritmética, séries de Fourier, unidades)</u>
- <u>Teorema da divisão euclidiana</u>
- <u>Teorema (ou identidade) de Dixon</u>
- <u>Teorema de   Dold-Thom</u>
- <u>Teorema de   Don Chakerian</u>
- <u>Teorema de   Teorema de Donsker</u>
- <u>Teorema de paragem de Doob</u>
- <u>Teoremas de dualidade</u>
- <u>Teorema da extensão de Dugundji</u>
- <u>Teorema de   Duhamel</u>
- <u>Teorema de   Teorema de Duhem</u>
- <u>Dunford-Schwartz   Teorema de Dunford-Schwartz</u>
- <u>teorema de deDupuis</u>
- <u>Teorema de   Teorema de Dvoretzky</u>
- <u>Teorema de   Dvoretzky-Rogers</u>
- <u>Teorema de   Devon Dyck</u>
- <u>Teoremas de Dynkin</u>

E

- <u>Teorema de Earnshaw</u>
- <u>Teorema de Easton</u>

- Teorema de Eberlein-Smulian
- Teorema de Edelstein
- Teorema de Egoroff
- Teorema de Egorychev
- Teorema de Egregium
- Teorema de Ehrenfest
- Teorema de Ehresmann
- Teorema de Eilenberg-Zilber
- O teorema do elemento primitivo
- Teorema da eliminação de cortes
- Teorema de Elitzur
- Teorema de Engel
- Teorema da equipartição
- Teoremas de Erdos
- Teorema ergódico
- Teorema dos números primos de Euclides
- Teoremas de Eudoxis
- Teoremas de Euler
- Teorema da excisão
- Teorema das seis exponenciais

F

- O teorema do fator invariante
- Teorema de Fagin
- Teorema de Fagnano
- Teorema de Faltings
- Teorema de Fary-Milnor
- Teorema de Fatou
- Teorema de Favard
- Teorema de Fedorov **(Teorema)**
- Teorema de Feit-Thompson

- Teorema de Fej ér
- Teorema de Fenchel
- Teoremas de Fermât
- Teorema dos fechos aninhados (e segmentos aninhados)
-   Teorema de Ferrero-Washington
-   Teorema de Feuerbach
- Teoremas de finitude
-   Teorema de Floquet
-   Teoremaflot-max/min-cut
- Teorema da flutuação-dissipação
-   A teoria de Folkman
- Teorema das funções implícitas
- Teorema das funções implícitas holomorfas
- Teoremas fundamentais
- Teorema das forças vitais
-   Teorema Fourier
- Teorema de Fréchet-Riesz
- Teorema de Frechet-Kolmogorov
- Teoremas de Fredholm
-   Teorema Frégier
-   Teorema Freiman
-   Teorema Freudenthal
-   Teorema Friedlander-Iwaniec
- Teoremas de Frobenius
-   Teorema Froda
-     Teorema Fubini-Tonelli
- Teorema de diferenciação de Fubini
-   Teorema Fuchs **(e)**
- Teorema de Fujimoto-Green

G

- Problema da galeria de arte
- Teorema de Galois
- Teoremas de Gauss
- Teorema de Gauss-Bonnet
- Teorema de Gauss-Lucas
- Teorema de Gauss-Markov
- Teorema de Gauss-Wantzel
- O teorema do gelo
- Teorema de Gelfand-Mazur
- Teorema de Gelfond-Schneider
- Teorema fundamental da geometria afim
- Teorema fundamental da geometria projectiva
- Teorema dos gendarmes, ou da moldura, ou da sanduíche
- Teorema de Gentzen
- Teorema de Gergonne
- Teorema de Sophie Germain
- Teorema de Gershgorin
- Teorema de Gibbard-Satterthwaite
- Teorema de Gibbs
- Teorema de Girard
- Teorema de Girsanov
- Teorema de Glaeser
- Teorema de Gleason-Montgomery-Zippin
- Teorema de Glivenko-Cantelli
- Teorema da completude de Gödel
- Teoremas da incompletude de Gödel
- Teorema de Goldstine
- Teorema de Goldstone
- Teorema de Golod-Chafarevitch
- Teorema de Goodstein

- Teorema de Gordan
- Teorema de Gougu
- Teorema de Goursat
- Teorema da gota
- Teorema do gradiente
- Teorema do gráfico fechado
- Teoremas do gráfico perfeito
- Teorema de Graves-Lusternik
- Teorema de Grebe
- Teorema de Green
- Teorema de divergência de fluxo de Green-Ostrogradski
- Teorema de Green-Tao
- Teorema de Gromov sobre grupos de crescimento polinomial
- Teorema de não alongamento de Gromov
- Teorema de Gronwall sobre a função divisora
- Teorema Grothendieck-Riemann-Roch
- Teoremede Gua
- Teorémede Guilbaud
- Teoremas de Guldin

H

- Teorema de Haar
- Teorema de Haag **(O Teorema de Haag)**
- Teorema das três rectas de Hadamard
- Teorema dos três círculos de Hadamard
- ThéorèmedeHadamard-Lévy
- Teorema Hahn-Banach
- Teorema Hahn-Jordan **(e)**
- Teorema Hahn-Mazurkiewicz
- Teorema de Hall
- Teorema Hamilton

- Teorema de Hardy
- Teorema Metauberiano de Hardy-Littlewood
- Teorema Hardy-Littlewood
- Princípio de Harnack
- Teorema Hartman-Grobman
- Teorema Haruki
- Teoremas de Hasse
- Teorema Hasse-Minkowski
- Teoria do desenvolvimento de Heaviside
- Teorema de Heawood
- Teorema de Heckscher-Ohlin-Samuelson
- Teorema de Heine
- Teorema Heine-Borel
- Teorema Helly
- Teorema Herbrand
- Théorème de Herbrand-Ribet
- Teorema de Hermite-Lindemann
- Teorema Hessenberg
- Teorema 90 O teorema de Hilbert
- Teorema da base de Hilbert
- Teorema da irredutibilidade de Hilbert
- Teorema da sizígia de Hilbert
- Teorema dos zeros de Hilbert
- Teorema de Hilbert-Samuel
- Teorema de Hilbert-Schmidt **(Teorema)**
- Teorema de Hilbert-Speiser
- Teorema Hilbert-Waring
- Teorema Hille-Yosida
- Teorema Hjelmslev **(e)**
- Teorema do índice de Hodge **(de)**

- A teoria de James
- Teorema japonês
- Teorema de Jeffrey-Kirwan
- Teoremas de Jensen
- Teoremas de Joachimsthal
- A teoria do João **(e)**
- Teorema de Johnson
- Teorema de Jones
- Teorema Jordan-Brouwer
- Teorema Jordan-Hölder
- Teorema Jordan-Schur
- A teoria de Jung
- Teorema do ponto fixo de Kakutani
- Teorema Kantorovitch **(e)**
- Teorema Kantorovitch-Rubinstein
- Teorema Karamata
- Teorema do fluxo de Kelvin
- Teorema Kennelly
- Teorema Kirchberger
- Teorema Kirszbraun **(e)**
- Teorema Kleene
- Teorema do ponto fixo de Kleene
- Teorema de recursão de Kleene
- Teorema Knaster-Tarski
- Teorema Kneser (combinatória)
- Teorema do quarto de Koebe
- Teorema Koksma
- Lei de Kolmogorov do zero um
- Teorema da extensão de Kolmogorov
- Teorema das três séries de Kolmogorov

- Teorema   Lasota-Yorke
- Teorema   Lax
- Teoremede Lax-Milgrama
- Teoremas de Lebesgue
- Teorema do ponto fixo de Lefschetz
- Teorema de Legendre
- Teorema   Lehmann-Scheffe
- Teorema de Leibniz
- Teorema   Leray **(e)**
- Teorema   Levinson
- Teorema do módulo de continuidade de Lévy **(em)**
- Teorema da   continuidade de Lévy
- Teorema de Li-Yorke
- Teorema do limite central de Lyapunov
- Teorema de   Lie
- Teorema de Lie-Kolchin
- Teorema do   limite monotónico
- Teorema   do limite central
- Teorema   do limite central de Lindeberg
- Teorema de Lindemann-Weierstrass
- Teorema de Lindenbaum
- Teorema de Linnik
- Teoremas de Liouville
- Teoria do   livro aberto
- Teorema de Löb
- Teorema de Lomonosov **(e)**
- Teorema de Los
- Teorema   Löwenheim-Skolem
- Teorema de Lucas
- Teorema   das duas luas

- Teorema   Lüroth
- Teoremade Lusin
- Teorema da irredutibilidade de Mackey
- Teorema   Mackey-Ahrens **(de)**
- Teorema   Maclaurin
- Teorema   Mahler
- Teorema da   compacidade   de Mahler **(para)**
- Teorema de Malus
- Teorema de Mann
- Teorema de interpolação de Marcinkiewicz **(Teorema)**
- Teorema   Marden
- Teorema do ponto fixo de Markov-Kakutani
- Teoremade Markov-Post
- Teoria da   convergência   para martingales
- Teorema   Maschke
- Teorema de Matiyasevich, ou Robinson-Matiyasevich
- Princípio máximo
- Teorema de Maxwell
- Teorema   de   reciprocidade   de Maxwell-Betti
- Teorema   Maxwell-Gouy
- Teorema   McCoy
- Teorema   da mediana, ou teorema de   Apolónio
- Teorema de inversão de Mellin **(Teorema de inversão de Mellin)**
- Teorema   Menelau
- Teorema   Menger
- Teorema   Mercer
- Teorema   Mergelyan
- Teorema   Mermin-Wagner-Hohenberg-Coleman
- Teorema de Mertens
- Teorema de Metsänkylä

- Teorema de Meusnier (ou Meunier)
- Teorema de Meyer
- Teorema de Meyers-Serrin H=W
- Teorema de seleção de Michael
- Teorema de Midy
- Teorema do ponto médio
- Teorema de Miller
- Teorema de Millman
- Teorema de Milman-Pettis
- Teorema de Mills
- Conjetura de Milnor, demonstrada por Voevodsky
- Conjetura de Milnor (teoria dos nós), demonstrada por Kronheimer e Mrowka
- Teorema da decomposição de Milnor decomposição de Milnor
- Teorema de Milnor-Moore
- Teorema de Minkowski
- Teoremas de Miquel (cinco círculos, pivot, etc.)
- Teoria de Mittag-Leffler
- Teorema da modularidade
- Teorema de Mohr-Mascheroni
- Teorema de Moivre-Laplace
- Teorema do momento
- Teorema do momento angular
- Teorema de Monge
- Teorema de monodromia
- Teorema de Montel
- Teorema Mordell-Weil
- Teorema Morera
- Teorema de Morley (geometria)
- Teorema da categoria de Morley

- Teorema de Norton
- Teorema da folha compacta de Novikov
- Teorema de amostragem de Nyquist-Shannon

O

- Teorema de otimização/separação
- Teorema de Orlicz-Pettis
- A teoria de Osgood
- Teorema de Ostrowski

P

- Teoria de Painlevé-Morel
- Teorema de Paley-Wiener
- Teoria da borboleta
- Teorema de Pappus
- Teorema de Parthasarathy
- Teorema de Pascal
- Teoria do desalfandegamento
- Teorema das três perpendiculares
- Teorema de Perron-Frobenius
- Teorema de Peter Weyl
- Teorema de Petersen
- Teoremas de Picard
- Teorema da aproximação sucessiva de Picard
- Teorema de Pick Pick
- Teorema de Teorema de Pierpont
- Teorema de Pitot
- Teorema de Teorema de Plancherel
- Teorema de Teorema de Pohlke
- A conjetura de Poincaré, demonstrada por Perelman
- Teoremas de Poincaré
- Teorema de Poincaré-Bendixson

- Teorema de	Poincaré-Birkhoff
- Teorema de	Poincaré-Birkhoff-Witt
- Teorema de Poincaré-Hopf
- Teoremas do ponto fixo
- Teorema dos cinco pontos
- Teorema dos nove pontos
- Teorema de Poisson
- Teoremas de Pólya
- Teorema de Poncelet
- O grande teorema de Poncelet
- Teorema de Poncelet-Steiner
- Teorema da dualidade de Pontryagin
- Teorema	da porta
- Teorema do bengaleiro
- Teorema de	Post
- Teorema de	Poynting
- Teorema de Prigogine	Teorema de Prigogine
- Teoria da	projeção
- Teoremede	Profeta
- Teorema de	Ptolomeu
- Théorèmede Puiseux
- Teorema	Pitágoras

Q

- Teorema japonês para quadriláteros inscritíveis
- O teorema do momento
- Teorema de Quillen-Suslin
- O teorema dos quinze

R

- Teorema de Rademacher
- Teoremas de Rado

- Teorema de Radon
- Teorema de Radon (geometria)
- Teorema Radon-Nikodym-Lebesgue
- Teorema de Rajchman
- Teorema de Ramon
- Teorema de Ramsey
- Teorema da classificação
- Teorema do grau constante
- Teorema da rarefação dos números primos
- Teorema de reciprocidade de Lorentz
- Lei da reciprocidade quadrática
- Teoria da recuperação
- Teorema de Reeh-Schlieder **(e)**
- Teoria dos rolamentos
- Teorema de Rellich-Kondrasov
- Teorema do resíduo
- Teorema do resto chinês, ou teorema chinês
- Teoria da restrição cristalográfica
- Teorema de De Rham
- Teorema de Rice
- Teorema de Richardson
- Teoremas de Riemann
- Teorema de Riemann-Lebesgue
- Teorema de Riemann-Roch
- Teoremas de Riesz
- Teorema de Riesz-Fischer
- Teorema de Riesz-Thorin
- Teorema de Robbins
- Teorema de Robertson-Seymour
- Teorema de Rolle

- Teorema de Shoute
- Teorema de Siegel-Mahler
- Teoria da Medicina do Sábio
- Teorema de Simson
- Teorema de representação de Skorokhod
- Teorema de Sleszyński-Pringsheim
- Teorema de Slutsky
- Teorema de Soddy
- Teorema dos quatro vértices
- Teorema espetral
- Teorema de Sperner
- Paradoxo da esfera
- Teorema de Sprague-Grundy
- Theoreme de Stampacchia
- Teorema de Stark-Heegner
- Teorema de Staudt-Clausen
- Teorema de Stein
- Teoremas de Steiner
- Teorema de Steiner-Lehmus
- Teorema de Steinhaus
- Teoremas de Steinitz
- Teorema de Stewart
- Teorema de Stickelberger
- Teorema de Stieltjes
- Teorema de Stieltjes-Vitali-Montel
- Teorema de Stokes
- Teorema da singularidade de Stokes
- Teorema de Stolz-Cesàro
- Teoremas de Stone
- Teorema de Stone-Weierstrass

45

- _Teorema   Vinogradov_
- Teoria viral
- _Teoremede Viro-Sturmfels_
- A teoria da   recuperação de Vitali
- Teorema de convergência de Vitali (análise complexa) **(de)**
- _Teorema   Lebesgue-Vitali_
- _Teorema   Vitali-Hahn-Saks_ **(e)**
- _Teorema   Viviani_
- _Teorema   Vizing_
- _Teorema   Voronoi_ **(e)**

W

- _Teorema   Wallace-Bolyai-Gerwien_
- _Teorema   Wantzel_
- _Teorema   Wedderburn_
- Teoremas de Weierstrass
- _Teorema   Weierstrass-Casorati_
- As conjecturas de Weil, demonstração completada por Deligne
- _Teorema   Weinstein_
- _Teorema   Whitehead_
- _Teorema   Wielandt_
- Teorema da   extensão   de Whitney
- _Teorema   Wick_
- Teoria da Terra de   Wiener
- _Teorema   Wiener-Khintchine_
- _Teorema   Wigner_
- _Teorema   Wigner-Eckart_
- Teorema de Wilson
- Teorema de Witt
- Teorema de Wittenbauer
- Teorema de Wolstenholme

- <u>Teorema de Wronskian</u>
- <u>Teorema de Wulff</u>

X

- <u>Teorema de Xian Tu</u>

Z

- <u>Teorema principal de Zariski</u> **(em)**
- <u>O teorema de von Zeipel</u>
- <u>Teorema de Zermelo</u>

Referências

Aristóteles, La métaphysique, Paris: Ladrange, (1838), (1840), 2008, p.35-36.

Hegel, G.W.F., Esthétique, Quebec, 1835.

Wikipedia ; ligação lógica entre teorema , disponível em Qual é a diferença entre teorema, recíproco e contraposto? - Objectif : réussir en maths (objectif-reussir-en-maths.com) Acedido Quinta-feira 2 novembro 2023 às 15 :48.

Wikipédia. 18 fichas de trabalho sobre o teorema de Tales de Mileto, disponíveis em 18 fichas de trabalho sobre o teorema de Tales - Prof Innovant Acedido Quinta-feira 2 novembro 2023 às 11 :26.

Wikipédia. Biografia de Pitágoras, disponível em Pitágoras - Wikipédia (wikipedia.org) Acedido Quinta-feira, 2 de novembro de 2023 às 10 :37.

Wikipédia. Biografia de Tales, disponível em Tales de Mileto: biografia e filosofia (filosofiadoinicio.com) Acedido Quinta-feira 2 de novembro de 2023 às 11 :29).

Wikipédia. Contrapositiva do teorema de Pitágoras, disponível em Révision quatrième du théorème de Pythagore (free.fr) Acedido terça-feira, 31 de outubro de 2023, às 8:43.

Wikipédia. Definição de teorema, disponível em Teorema: definição, aplicações e exemplos - Progresser-en-maths Acedido Quinta-feira, 2 de novembro de 2023 às 11:00.

Wikipédia. Exercício sobre o teorema de Pitágoras, disponível em Teorema de Pitágoras e sua recíproca - Triângulo retângulo (jaicompris.com) Acedido Quinta-feira 2 novembro 2023 às 11 :45.

Wikipédia. Exercícios sobre o teorema de Pitágoras, disponíveis em Teorema de Pitágoras, curso + exercícios corrigidos. (paramaths.fr) Acedido quinta-feira, 2 de novembro de 2023, às 11:15.

Wikipédia. Fórmula do teorema de Pitágoras, disponível em Teorema de Pitágoras : lições e exercícios | StudySmarter Acedido Quinta-feira 2 novembro 2023 às 9 :45.

Wikipédia. La contraposée, disponível em contraposée | Lexique de mathématique (netmath.ca) Acedido Quinta-feira, 2 de novembro de 2023 às 12:8.

Wikipédia. Reciprocidade, disponível em Envolvimento recíproco - Wikipédia (wikipedia.org) Acedido Quinta-feira, 2 de novembro de 2023 às 13:59.

Wikipédia. Lista de teoremas, disponível em Lista de teoremas - Wikipédia (wikipedia.org) Acedido Quinta-feira, 2 de novembro de 2023 às 16:15.

Wikipédia. Teorema de Pitágoras, disponível em Le théorème de Pythagore | Méthode Maths (methodemaths.fr) Acedido segunda-feira, 30 de outubro de 2023, às 16 : 13

Wikipédia. Teorema de Pitágoras, disponível em Le théorème de Pythagore | Méthode Maths (methodemaths.fr) Acedido segunda-feira, 30 de outubro de 2023, às 16 : 13.

Wikipédia. Theorem, disponível em Theorem - Wikipedia (wikipedia.org) Acedido Quinta-feira, 2 de novembro de 2023 às 10 :48.

Wikipédia. Teorema, disponível em Teorema de Pitágoras - Wikipédia (wikipedia.org) Acedido terça-feira, 31 de outubro de 2023, às 9 :7.

Printed by Books on Demand GmbH, Norderstedt / Germany